Début d'une série de documents
en couleur

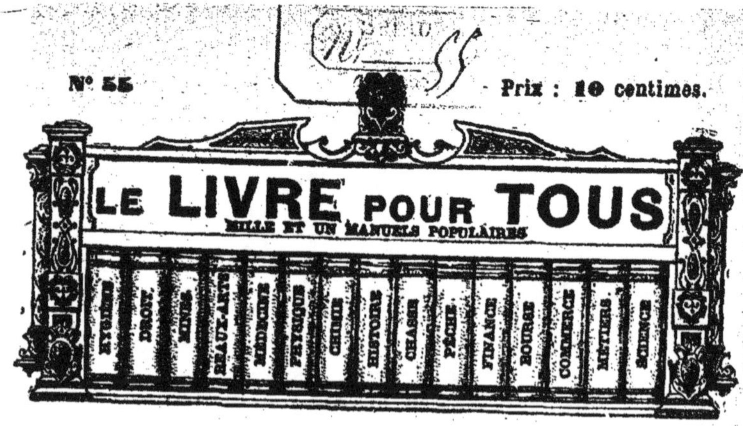

MÉTIERS

LA TYPOGRAPHIE

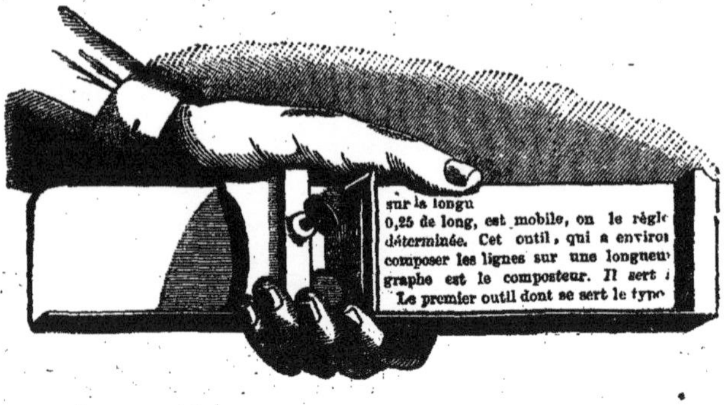

L. BOULANGER, éditeur, 90, boul. Montparnasse, PARIS.

LE LIVRE POUR TOUS

Aujourd'hui un livre, quel qu'il soit, ne peut compter sur un grand succès durable que s'il est tellement *bon marché* que tout le monde puisse l'acheter sans compter, s'il est *tellement intéressant* et utile, que tout le monde dise : « *Je veux le lire, l'avoir et le garder.* »

Or il n'y a pas de livres d'un intérêt plus réel, d'une utilité plus pratique et plus constante que ceux qui fournissent des *renseignements précis et complets* sur ce que tout le monde veut savoir et doit connaître.

Mais ces livres d'information et de référence ne sont vraiment bons qu'à la condition d'être des guides toujours sûrs, des conseillers toujours prêts à répondre exactement aux nombreuses questions que l'on a sans cesse à résoudre. Ils doivent être méthodiques, exacts, clairs, faciles à manier, commodes à emporter partout avec soi. Ils doivent en outre constituer dans leur ensemble la meilleure et la plus parfaite des encyclopédies; et en même temps chacune de leurs parties doit former un tout distinct, de telle sorte que celui qui veut se contenter de cette partie unique y trouve tout ce dont il a besoin.

Un dictionnaire ne peut réunir ces avantages : s'il est volumineux, il est cher et par conséquent pas à la portée de tous ; s'il est petit, il est restreint, et les articles en sont nécessairement écourtés, incomplets. De plus le dictionnaire renvoie d'un mot à l'autre, il ne peut se lire à la suite, il contient des redites. Les manuels, les traités sont évidemment plus utiles, mais ils sont d'ordinaire d'un prix élevé, surtout quand il s'agit de questions spéciales ou scientifiques ou techniques.

Nous avons pensé qu'il restait à créer une collection réunissant, à la fois, l'utilité des dictionnaires et celle des manuels, et d'un prix si minime que tout le monde puisse se la procurer.

Nous avons donné à cette collection un titre général disant d'un mot ce qu'elle est :

Le Livre pour tous, c'est-à-dire le livre indispensable à tout le monde, le livre auquel on doit avoir recours en toute occasion et qui mérite toute confiance.

Le Livre pour tous donne à tous les connaissances nécessaires à tous. Il est le vade-mecum de toute instruction pratique, le répertoire de toutes les sciences usuelles.

Le Livre pour tous est le livre de tous ceux qui travaillent, qui étudient, qui s'informent, qui veulent s'éclairer, c'est-à-dire tout le monde.

Ce qui distingue notre collection de toutes celles que l'on a publiées dans le même genre et ce qui fait sa supériorité sur toutes les compilations adressées aux lecteurs sous prétexte de vulgarisation, ce qui doit lui donner la préférence sur les dictionnaires et les manuels, c'est, nous le répétons :

1° Le *bon marché*. Chacun de nos volumes ne coûte que **10** centimes, et contient comme texte le tiers d'un volume ordinaire de 300 pages vendu 3 fr. 50 et même de 4 à 6 francs.

2° L'*abondance et l'exactitude des renseignements*. — Chacun de nos volumes est rédigé avec le plus grand soin par des auteurs compétents d'après les travaux les plus récents et les plus autorisés.

3° La *commodité du format*. — Chacun de nos volumes peut facilement tenir dans la poche, on peut l'emporter avec soi à la promenade, le lire en voiture, en omnibus, en chemin de fer.

4° La *clarté du texte*. — Les volumes sont imprimés en caractères neufs, lisibles sans fatigue, et les matières sont disposées de telle sorte que d'un coup d'œil on trouve ce que l'on cherche.

5° La *valeur documentaire*. — Chaque volume forme un tout; mais l'ensemble des volumes forme une encyclopédie. Dans chaque volume, chaque sujet est traité à fond. De plus chaque volume est accompagné de documents, de tables de références, de tables statistiques, etc., qui sont d'un usage précieux.

Il suffit d'avoir sous les yeux un seul de nos volumes pour se rendre compte de l'importance de notre collection et des services qu'elle rend.

Tous les volumes de la collection sont rédigés avec le même soin, d'après la même méthode et dans le même but d'utilité.

N. B. **Le Livre pour tous** *peut être mis dans toutes les mains. C'est la meilleure recompense à donner aux élèves dans toutes les écoles. C'est la collection la plus utile à tout le monde.*

L'éditeur-gérant : L. BOULANGER.

Sceaux. — Imp. Charaire et Cie.

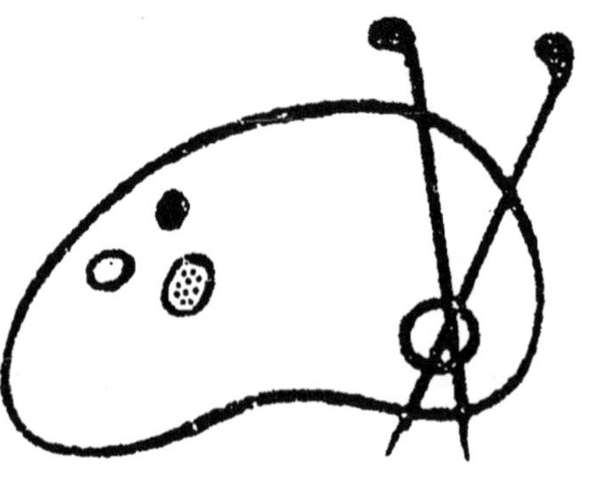

Fin d'une série de documents
en couleur

LA TYPOGRAPHIE

LA TYPOGRAPHIE

La typographie est l'imprimerie sur caractères mobiles, qui constitue l'invention de *Gutenberg*; car l'imprimerie proprement dite était connue bien avant lui.

Il est certain que dès le commencement du xve siècle on imprimait, en Hollande, des cartes à jouer, de l'imagerie et même des alphabets, mais ce n'était point là de la typographie, c'était de l'impression tabellaire, autrement dit de la xylographie.

Les images, aussi bien que les caractères qui les accompagnaient, étaient gravées en relief, ou pour mieux dire sculptées sur des planches de bois que l'on enduisait d'encre, plus ou moins grasse, pour les reproduire sur le papier, par le moyen du frottement; car l'idée de la presse n'était encore venue à personne.

On frotta d'abord le papier avec l'ongle du pouce, puis avec un morceau de bois poli, jusqu'au jour où l'on inventa le frotton, espèce de pinceau composé de crins unis l'un à l'autre avec de la colle forte et qu'on entourait d'un linge formant tampon, pour éviter le déchirement du papier, que le crin n'eût point ménagé.

Avec ce système, on ne pouvait naturellement imprimer que d'un côté, car on eût barbouillé tout, si l'on eût passé le frotton sur une épreuve déjà tirée, mais cela n'empêchait pas de faire des livres. On en était quitte pour coller deux feuilles de papier dos à dos, si l'on voulait avoir de l'impression au recto et au verso.

C'est ainsi que parurent un certain nombre de plaquettes, dont les plus connues sont : le *Miroir de notre salut*, la *Bible des pauvres* et l'*Art de bien mourir*.

Le plus curieux de ces premiers monuments de l'imprimerie est le Miroir de notre salut (*Speculum humanæ salvationis*), non seulement parce qu'il est l'œuvre de Laurent Coster (1430), mais encore parce qu'il offre des traces indéniables de l'art typographique.

Ce qui justifie les revendications des Hollandais, qui contestent le mérite de l'invention à Gutenberg, au bénéfice de Laurent Coster, auquel ils ont élevé une statue à Haarlem, sa ville natale.

Il est certain que Coster se servait des caractères mobiles et la preuve c'est qu'à la cinquième feuille de son livre, il y a une faute d'impression, un *n* à l'envers; on lit *begiut*, au lieu de *bégint;* et qu'à la page 40, il y a toute une phrase retournée : *ɹǝʇʇıdɐɔ xı sısǝuǝ⅁* pour *Genesis ix capittel*.

Tout le procès est là ; si le *Miroir du salut* avait été gravé sur bois par pages entières, il n'y aurait pas de lettres renversées. Les éléments de grammaire latine, connus sous le nom de *Donats* du nom de l'auteur Ælius Donatus, que Coster imprima ensuite, ne présentaient point de ces fautes (on n'en retrouve d'ailleurs que des feuilles détachées) ; mais cela peut tout aussi bien prouver plus d'attention chez l'imprimeur typographe que l'emploi de planches xylographiques.

S'ensuit-il de là que Gutenberg n'ait rien fait, et qu'il ait tout simplement, ainsi que l'ont prétendu ses détracteurs, utilisé les secrets de l'imprimeur hollandais, à lui révélés par un ouvrier infidèle. Non, et n'eût-il inventé que la presse, qui permit enfin les grands tirages, que son nom mériterait encore d'être accolé à la fameuse devise :

« Et la lumière fut. »

Mais il a fait mieux que cela, au lieu de tailler ses caractères dans l'écorce de hêtre, à l'imitation de Coster, il les grava en creux dans le bois, pour en faire des moules dans lesquels il coula du plomb.

Ce n'était peut-être pas une nouveauté absolue, car il est peu probable que Coster n'ait pas trouvé le moyen de fondre rudimentairement ses caractères ; autrement, la gravure isolée de ses lettres mobiles lui eût coûté beaucoup plus de temps et beaucoup plus d'argent que celle des planches xylographiques.

Il fit des moules, c'est incontestable; mais Gutenberg, qui cherchait à Strasbourg pendant qu'il produisait à Haarlem, ne connut évidemment de son système que les résultats qui demandaient encore, du reste, de nombreux perfectionnements.

Se croyant sûr de son procédé, auquel il travaillait déjà depuis plusieurs années, il s'associa à Strasbourg avec André Dritzehen, Hans Riffe et André Helmann, mais l'entreprise ne prospéra pas : fondée en 1436, elle se termina, en 1439, sans avoir rien produit, par un procès qui amena la confiscation du matériel de Gutenberg.

Trois ans après, parut à Mayence le *Doctrinale* d'Alexandre Gallus, puis les *Traités* de Pierre d'Espagne, imprimés au frotton par l'ouvrier parti de chez Coster, avec les secrets et les poinçons du maître; mais rien ne prouve qu'il les ait volés puisque Coster était mort en 1440.

Ce qui prouve surtout que Gutenberg ne les utilisa pas, c'est qu'il ne revint à Mayence, sa ville natale, que vers 1446; c'est là qu'il perfectionna ses procédés et qu'il imagina de fondre ses lettres dans un moule de cuivre, au fond duquel le caractère avait été frappé avec un poinçon d'acier.

Mais ses nombreux essais avaient épuisé ses ressources, et il fut obligé, pour mener son entreprise à bonne fin, de rechercher le concours du banquier Jean Fust, qui consentit à faire les avances nécessaires, à la condition d'associer à l'établissement un très habile calligraphe nommé Pierre Schœffer; cette combinaison avait pour but d'initier Schœffer aux secrets de Gutenberg, de façon à se débarrasser de celui-ci, sitôt qu'on n'aurait plus absolument besoin de lui.

Il fallut cinq ans pour cela, car on tâtonna beaucoup avant de produire la grande Bible in-folio de 1,282 pages, à deux colonnes, connue sous le nom de Bible de quarante-deux lignes, qui est incontestablement le premier livre imprimé par Gutenberg.

Comme on le voit par le fac-similé que nous en donnons, cette Bible était en caractères gothiques, qu'on appelait alors lettres de formes; mais elle avait coûté beaucoup d'argent; plus que le banquier Fust ne s'était engagé à en fournir; ce qui lui donna l'occasion de faire un procès à Gutenberg et de le déposséder de son invention et du matériel créé par lui, en ne lui versant qu'une indemnité ridicule, avec laquelle il essaya pourtant de fonder un nouvel établissement qui végéta et qui ne produisit guère que la Bible de trente-six lignes, commencée vraisemblablement à Strasbourg.

signaculū sup cor tuū· ut signaculum
sup brachiū tuū:q̄a fortis est ut mors
dilectio:dura sicut infernus emulatio·
lampades ei⁹·ut lampades ignis at-
qz flāmarū. Aque mlte nō potuerūt
extinguere caritatē:nec flumina obruēt
illā. Si dederit homo omnē substan-
ciā dom⁹ sue pro dilectione: q̄si nichil

Fac-similé de la Bible de Gutenberg.

Gutenberg mourut bientôt après, du reste, n'ayant reçu d'autre récompense de ses travaux que le titre de gentilhomme de la cour de l'archevêque-électeur; grand honneur pour le temps, mais qui l'empêcha d'attacher son nom à ses ouvrages, car pour un gentilhomme c'eût été déroger que de faire acte industriel.

Mais l'imprimerie était née et elle allait vite grandir, bien qu'elle fut longtemps à se modifier par le perfectionnement de ses moyens pratiques et surtout de son outillage.

Suivre tous ces progrès serait fort intéressant, mais demanderait de trop grands développements et nous éloignerait de notre but, qui est de faire connaître les diverses opérations qui constituent l'imprimerie typographique.

LES CARACTÈRES

C'est le caractère qui est le point de départ, la raison d'être de la typographie.

Nous avons dit comment on le fondait du temps de Gutenberg, nous dirons comment on le fait aujourd'hui, soit au moule à la main, soit au moule mécanique, d'invention récente.

Parlons d'abord de la gravure des *poinçons*, petite tige d'acier au bout de laquelle est gravée en relief chaque lettre

Poinçon en acier.

ou tout autre signe. Avec ces poinçons on frappe sur un petit morceau de cuivre poli et l'on obtient la gravure de la lettre en creux, d'abord assez imparfaitement parce que la frappe

Matrice non justifiée.

ne creuse pas également, et laisse toujours des bavures qu'on fait disparaître avec le burin, c'est ce qu'on appelle *justifier* c'est-à-dire donner à chaque lettre la profondeur nécessaire. On possède alors la matrice de chaque lettre qui, ajustée dans le moule, doit servir à la fonte.

Ce moule, en fer doublé de bois pour le rendre plus maniable, se compose de deux parties, entrant l'une dans l'autre au moyen d'une coulisse et ne laissant entre elles que l'espace de la lettre qu'on doit mouler.

Matrice justifiée.

Quant à la matrice, elle n'est pas fixée au fond du moule; elle y est seulement maintenue par des rainures, et on y attache un fil de fer qu'on appelle *archet* et qu'il suffit de tirer ou même d'agiter, car il fait ressort naturellement, pour chasser la lettre du moule.

Ceci disposé, l'ouvrier, tenant d'une main son moule, se place devant un fourneau circulaire supportant autant de creusets qu'il y aura de travailleurs; ces creusets contiennent le métal en fusion, c'est-à-dire du plomb additionné d'une partie d'antimoine, qui varie entre dix et trente pour cent, selon la résistance que l'on veut donner aux caractères.

On ajoute même quelquefois un peu de cuivre.

De la main droite, le fondeur prend dans son creuset, avec une petite cuiller de fer munie d'un bec sur le côté, de façon à ce qu'elle n'ait que juste la capacité nécessaire, le métal en fusion pour fondre sa lettre : il le verse dans un moule, qu'il tient fortement serré dans sa main gauche; il le laisse refroidir un instant; puis ouvrant le moule, il fait tomber le caractère fondu au moyen d'un petit crochet de fer, qui est attenant au moule.

Chaque caractère se compose de quatre parties : l'œil, le corps, le pied et la hauteur. L'œil est la partie reproduisant en relief la lettre frappée en creux dans la matrice.

Le corps est l'épaisseur de la lettre, le pied ou tige est la partie quadrangulaire, quant à la hauteur c'est la longueur de cette tige, qui sauf en Angleterre, est à peu près uniforme en tout pays.

Sortant du moule, le caractère n'est pas encore propre à être employé et doit subir diverses opérations : la première est la *romperie*, ainsi nommée parce qu'il s'agit de rompre ou de détacher du petit rectangle allongé, terminé par la lettre, les bavures qui ont été formées par le jet du métal dans le moule.

Lettre sortant du moule.

Lettre finie.

Après la romperie vient la *frotterie;* car ces bavures n'ont pas disparu entièrement à la première opération et il faut que le caractère soit bien lisse sur ses quatre faces.

Ensuite on les justifie, c'est-à-dire que l'on vérifie si tous les caractères de même sorte sont exactement pareils : si l'œil de la lettre est bien placé, si les tiges sont toutes de mêmes dimensions, et, dans le cas contraire, on les réduit avec une lime aux dimensions voulues, qui, naturellement, sont les mêmes de longueur pour toute espèce de caractère, et varient d'épaisseur selon le corps de caractère que l'on fond.

On comprend aisément ce qu'on appelle le corps. C'est, non pas la hauteur de la lettre sans jambage, inférieur ou supérieur, comme l'*a*, le *c*, l'*o;* mais la hauteur de la lettre qui aurait à la fois un jambage supérieur comme le *b* ou inférieur comme le *g*, de façon à ce que l'*œil* soit toujours au milieu.

Les lettres sans jambages ont donc un talus de chaque côté, tandis que les lettres bouclées n'ent ont qu'un, soit en haut, soit en bas.

Ces vérifications faites, on *écrène* les caractères, c'est-à-dire que l'on fait au canif, dans celles qui, comme l'*f*, ont le crochet dépassant la largeur, un cran qui permet de rapprocher la lettre qui suivra, de façon à ce qu'il y ait le même espace entre chaque lettre, mais comme il y a des lettres comme l'*i* avec son point, l'*l* et l'*f* qui ne pourraient pas se loger dans l'encoche que pratique l'écréneur, on fond des lettres liées comm *fi*, *fl*, et *ff*.

L'écrénage terminé, et en somme il ne comporte guère que les *f*, on fait une vérification dernière, puis les caractères étant reconnus bons à servir, on les réunit par sortes pour les livrer aux compositeurs.

« Par *sortes* » veut dire les *a* ensemble, les *b* ensemble, etc., car en termes d'imprimerie pour désigner les lettres qui vont ensemble on dit caractère du même corps.

Il y a naturellement beaucoup d'espèces de corps et même il y a des lettres de même corps qui n'ont pas le même œil. Il y a le gros œil, le petit œil, l'œil poétique, ainsi nommé parce que le caractère qui le porte est destiné à la composition des vers; c'est pour cela, du reste que les fondeurs ont l'habitude de pratiquer (dans le moule), à la tige de la lettre, un ou plusieurs crans qui indiquent d'abord au compositeur de quel côté il doit placer sa lettre pour qu'elle se trouve dans sa position normale à l'impression; et ensuite de faire distinguer par le nombre de crans, de quel œil est le caractère.

Les différents corps de lettre avaient jadis des dénominations arbitraires, mais depuis l'invention du prototype, due à Ambroise Didot, on les désigne par le nombre de points qu'ils représentent, ce qui n'empêche pas les anciens noms de subsister toujours; on pourrait même dire qu'il y en a de nouveaux, car dans les imprimeries qui ne fondent pas elles-mêmes, on fait presque toujours suivre le type du caractère par le nom du fondeur. Ainsi on dit du *sept Virey*, du *dix Thorey*, bien heureux quand on ne lui donne pas, comme autrefois le nom de l'ouvrage auquel il a d'abord été employé.

Voici, d'ailleurs, les noms des différents types de caractères les plus employés dans les imprimeries, avec leur ancienne dénomination :

Le	5	qu'on appelle	Parisienne.
	6	—	Nonpareille.
	7	—	Mignonne.
	8	—	Gaillarde.
	9	—	Petit-Romain.
	10	—	Philosophie.

11	—	Cicéro.
12	—	Saint-Augustin.
14	—	Gros-Texte.
18	—	Gros-Romain.
20 et 22	—	Parangon.
24	—	Palestine.
26	—	Petit-Canon.
36	—	Trismégite.
40 et 48	—	Gros-Canon.
56	—	Double-Canon.
72	—	Double-Trismégite.
88	—	Triple-Canon.
96	—	Grosse Nompareille.
100	—	Moyenne de fonte.

Il est entendu que nous n'avons, à propos de la fonte des caractères, donné que le procédé rudimentaire de la fabrication et qu'il y en a d'autres que nous ne décrivons pas, parce qu'ils en dérivent tous.

Sans compter le moule polyamatype inventé par M. Didot, et perfectionné par M. Virey, qui permet à deux seuls ouvriers de produire 50,000 lettres par journée de travail, le moule automatique de MM. Serrière et Bauza, qui peut donner mécaniquement 50,000 lettres en dépensant pour 73 centimes de combustible. Il existe deux machines nouvelles qui font tout ou partie de la besogne automatiquement, savoir :

La machine de MM. Foucher frères, qui supprime trois mains-d'œuvre, tout en permettant d'utiliser les matrices déjà frappées; elle fond la lettre, en rompt le jet et la frotte des deux côtés avec une vitesse considérable puisqu'on obtient en moyenne 25,000 et même 30,000 lettres par journée de dix heures.

Et la machine de M. Berthier qui, plus récente, est plus compliquée aussi, mais fait comparativement beaucoup plus de besogne; on pourrait même dire qu'elle la fait entièrement puisque le caractère en sort de hauteur et frotté sur les quatre faces, seulement le jet n'est pas entièrement rompu, mais il suffit de faire le chemin, ou pied, en quelques coups de lime, pour que la lettre se trouve d'aplomb.

En général, et la question de vitesse à part, le travail avec les machines à fondre est préférable au travail manuel; d'abord, ce qui passe avant tout, elles suppriment pour les ouvriers les indispositions et même les maladies qu'ils contractaient trop souvent par la manipulation constante des caractères ; ensuite, elles finissent plus économiquement ; car le frottage mécanique ne lèse jamais l'œil de la lettre, et ne fausse aucun caractère. — De là beaucoup moins de rebut.

Il est entendu aussi que l'on donne le nom des caractères, non seulement aux lettres, mais encore à tous les signes de ponctuation, les chiffres et les signes accessoires, employés dans la composition d'un livre.

Les espaces, cadrats et cadratins, dont nous parlerons tout à l'heure, et qui sont fondus de la même façon que les caractères, ne portent point ce nom, parce qu'ils ne sont pas apparents à l'impression ; précisément par la raison qu'ils servent à séparer les mots entre eux, ou à espacer les lettres d'un même mot, lorsqu'on est obligé de faire une division, c'est-à-dire de reporter à la ligne suivante, la fin d'un mot trop long, pour tenir dans la ligne commencée.

Nous avons expliqué ce qu'on entendait par sortes, il nous reste à dire que chaque sorte de lettres comprend, du même corps naturellement, des lettres de formes différentes : savoir la lettre ordinaire qu'on appelle le *bas de casse*, tant en *romain* (c'est le nom qu'on donne au caractère droit) qu'en *italique* (caractère penché qu'on emploie pour les mots soulignés), les petites capitales ayant la hauteur de l'œil de la lettre ordinaire et les grandes capitales ayant toute la hauteur du corps ; il y a aussi les lettres qui servent pour les abréviations et qu'on appelle des *supérieures*, mais celles-ci comme les lettres ornées qu'on emploie quelquefois au commencement des chapitres, ne font pas partie intégrante de la sorte.

LA COMPOSITION

On appelle composition, et le mot est très expressif, l'assemblage des caractères destinés à former les mots, les lignes et par extension, les pages qui composent un journal ou un volume.

Pour que l'ouvrier, qui prend tout naturellement le nom de compositeur, puisse faire ce travail avec méthode et surtout sans perte de temps, les caractères sont disposés par sortes dans un grand casier à compartiments qu'on appelle *casse* : chaque compartiment destiné à recevoir la lettre se nomme *cassetin.*

Bas de casse.

w	ç	é	-	'	e	1	2	3	4	5	6	7	8
—	b	c	d			s		esp. moyen.	f	g	h	9 / æ	0 / œ
z / y	l	m	n		i	o		p	q	; / esp. fines	ffi / fi	k / :	1/2 cad. / cadrats
x	v	u	t		espaces	a		r		.	,	cadrats	

Haut de casse.

A	B	C	D	E	F	G	A	B	C	D	E	F	G
H	I	K	L	M	N	O	H	I	K	L	M	N	O
P	Q	R	S	T	V	X	P	Q	R	S	T	V	X
â	ê	î	ô	û	Y	Z	U	J	É	È	Ê	Y	Z
É	È	Ê	Æ	Œ	W	Ç	ffl	Æ	Œ	W	Ç		!
à	è			ù	§	]	fl			ë	ï	ü	?
»	*	U	J	j	†	)	ff	a e	i l	m n	o r	s t	v

Casse en deux pièces.

Comme il faut un très grand nombre de cassetins pour qu'une casse soit complète, on la divise en deux parties séparées qu'on appelle *casseaux* et qui la rendent plus facilement transportable, sur l'espèce de pupitre que les imprimeurs appellent un *rang*, parce qu'ordinairement, et sauf les cas où la place manque, ils sont placés en file, à côté l'un de l'autre.

La partie supérieure de la casse, comprenant 98 cassetins,

dans lesquels sont distribués les capitales grandes et petites, les lettres supérieures et la plupart des signes de ponctuation, s'appelle *haut de casse*.

La partie inférieure de 54 cassetins, contenant les lettres ordinaires, les chiffres et les espaces, s'appelle *bas de casse*, ce qui fait qu'on donne le nom de bas de casse aux caractères courants.

Comme on le pense bien, la disposition des casses n'est pas absolue et varie selon les imprimeries; d'autant qu'on en fait maintenant beaucoup en une seule pièce, le modèle que nous en donnons, et qui est le système classique, suffira pour

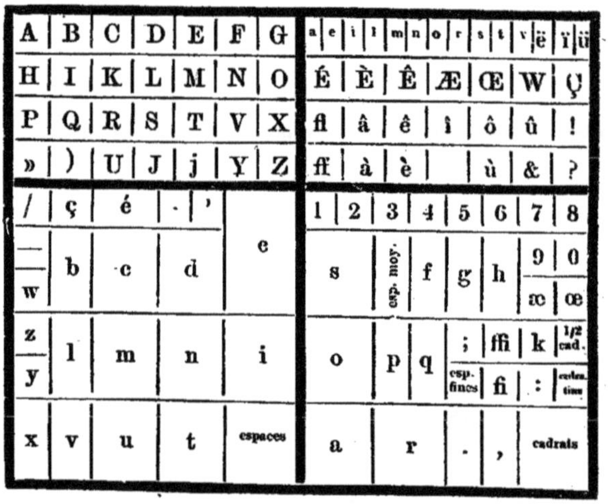

<table>
<tr><td>A</td><td>B</td><td>C</td><td>D</td><td>E</td><td>F</td><td>G</td><td>a</td><td>e</td><td>i</td><td>l</td><td>m</td><td>n</td><td>o</td><td>r</td><td>s</td><td>t</td><td>v</td><td>ë</td><td>ï</td><td>ü</td></tr>
<tr><td>H</td><td>I</td><td>K</td><td>L</td><td>M</td><td>N</td><td>O</td><td colspan="2">É</td><td colspan="2">È</td><td colspan="2">Ê</td><td colspan="2">Æ</td><td colspan="2">Œ</td><td colspan="2">W</td><td colspan="2">Ç</td></tr>
<tr><td>P</td><td>Q</td><td>R</td><td>S</td><td>T</td><td>V</td><td>X</td><td colspan="2">fl</td><td colspan="2">â</td><td colspan="2">ê</td><td colspan="2">î</td><td colspan="2">ô</td><td colspan="2">û</td><td colspan="2">!</td></tr>
<tr><td>»</td><td>)</td><td>U</td><td>J</td><td>j</td><td>Y</td><td>Z</td><td colspan="2">ff</td><td colspan="2">à</td><td colspan="2">è</td><td colspan="2"></td><td colspan="2">ù</td><td colspan="2">&</td><td colspan="2">?</td></tr>
</table>

<table>
<tr><td>/</td><td>ç</td><td>é</td><td>. | ’</td><td rowspan="2">e</td><td>1</td><td>2</td><td>3</td><td>4</td><td>5</td><td>6</td><td>7</td><td>8</td></tr>
<tr><td>—
—
w</td><td>b</td><td>c</td><td>d</td><td>s</td><td>esp. moy.</td><td>f</td><td>g</td><td>h</td><td colspan="3">9 | 0
æ | œ</td></tr>
<tr><td>z
y</td><td>l</td><td>m</td><td>n</td><td>i</td><td>o</td><td>p</td><td>q</td><td>;
esp. fines</td><td>ffi
fi</td><td>k
:</td><td>1/2 cad.
cadratins</td><td></td></tr>
<tr><td>x</td><td>v</td><td>u</td><td>t</td><td>espaces</td><td>a</td><td colspan="2">r</td><td>.</td><td>,</td><td colspan="3">cadrats</td></tr>
</table>

Casse en une pièce.

faire comprendre que les lettres n'y sont pas réparties par ordre alphabétique, dans des cassetins symétriquement de même grandeur, mais bien placées le plus à portée de la la main du compositeur, selon la fréquence de leur emploi.

La casse, ne pouvant contenir que pour environ une journée de travail d'un ouvrier, ne renferme naturellement pas toute la fonte d'un caractère, et les sortes qui n'y peuvent tenir sont déposées dans des tiroirs divisés comme les casses et qu'on appelle des *bardeaux*.

Ces tiroirs sont déposés le long des murs de l'imprimerie, au bas des rangs et dans les espèces d'établis qu'on appelle *pieds de marbre* et dont nous verrons l'emploi tout à l'heure.

L'ouvrier fait sa casse lui-même ; si le caractère est neuf, le travail est facile puisque, sortant de la fonte, les lettres sont assemblées par sortes ; s'il a déjà été employé, ce qui est le cas le plus ordinaire, il le prend par paquets, dans le caractère disponible que l'on appelle *distribution*, précisément parce qu'il s'agit de le distribuer, par sortes, dans les cassetins.

Pendant ce temps, le chef d'atelier, qu'on appelle *prote*, du grec *protos*, qui veut dire premier, a remis au chef de chaque équipe, qui se nomme le *metteur en pages* le texte à imprimer, appelé très improprement *copie*, que celui-ci distribue aux compositeurs.

S'il s'agit de la composition d'un journal, qui doit être terminée à heure fixe, la copie est divisée en portions très exiguës, de façon qu'un article entier puisse être fait et corrigé en peu de temps ; pour cela le metteur en pages cote les feuillets avec des chiffres et des lettres de repère, afin de pouvoir classer par ordre et très vite, les paquets de composition qui lui seront remis par les typographes.

S'il s'agit d'un long article de revue, d'un roman, d'un ouvrage de longue haleine, en un mot de ce qu'on appelle un *labeur*, la copie est donnée par portions plus considérables aux compositeurs, qui peuvent alors commencer le travail, et se mettent à *lever la lettre*.

Pour cela, l'ouvrier assis sur un haut tabouret, mais plus généralement debout devant la casse, sur laquelle est fixée sa

Composteur, système à levier de MM. Fouché frères.

copie, a dans la main gauche son composteur, espèce de règle à rebords, munies d'une coulisse qu'il a fixée d'avance à la longueur exacte des lignes à composer (ce qu'on appelle justifier son composteur), dont le plan doit recevoir les lettres au fur et à mesure qu'il les lève des cassetins, avec une rapidité qui étonne les non initiés.

Chaque mot composé est séparé du suivant par une garniture qu'on appelle espace, et quand sa ligne est pleine, à quelques millimètres près, l'ouvrier la *justifie*, c'est-à-dire qu'il la force dans le composteur au moyen des espaces et qu'il règle ses divisions, lorsqu'un mot entier ne peut trouver

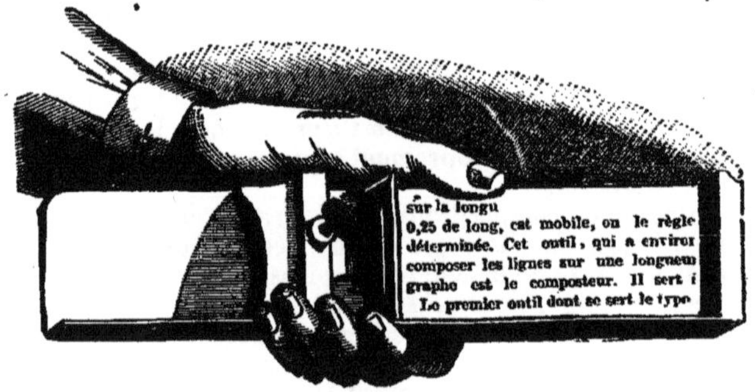

Composteur plein. — Système à vis de M. Berthier.

place dans la ligne, en portant la suite à la ligne suivante, et en terminant la première par un trait qu'on appelle division.

Une ligne qui finit un alinéa, mais qui laisse un vide, se complète par des garnitures qu'on appelle cadrats; car tout doit être plein dans la compositiou, de façon à faire une masse compacte, dont aucun caractère ne bouge à l'impression.

Ce qui fait que lorsqu'on emploie, pour commencer un alinéa, une lettre de fantaisie plus haute que le corps du caractère, on est obligé de garnir le haut du restant de la ligne avec des interlignes coupées à la longueur voulue, c'est ce qu'on appelle parangonner.

PARANGONNAGE

On parangonne aussi, lorsque n'ayant pas des lettres supérieures du corps comme pour Mme ou Mlle, on emploie des lettres d'un corps plus petit; autrement la composition ne serait pas solide et se mettrait en pâte au premier mouvement.

La ligne qui commence par un alinéa est précédée d'nn petit lingot uniforme qu'on appelle cadratin.

S'il s'agit d'un journal, le compositeur met ses lignes l'une sur l'autre dans son composteur jusqu'à ce qu'il soit plein, en plaçant seulement sur chaque ligne terminée, un filet appelé *porte-ligne*, qui facilite le glissement de la lettre, et qu'il change de place à chaque ligne justifiée.

S'il s'agit de la composition d'un labeur, ou même d'un journal qui ne s'imprime pas en plein, les lignes sont séparées par des espaces horizontales qu'on appelle des *interlignes* et qui sont de l'épaisseur d'un point, de deux points, de trois points : selon qu'on veut donner plus ou moins de blanc pour l'écartement des lignes de l'ouvrage à composer.

Lorsque le composteur est plein, et cela arrive fréquemment, puisqu'il ne contient que cinq à huit lignes, suivant la force du caractère, l'ouvrier enlève sa composition et la dépose sur une espèce d'ais à rebords qu'on appelle *galée*, et quand cette galée est pleine, ou du moins renferme assez de

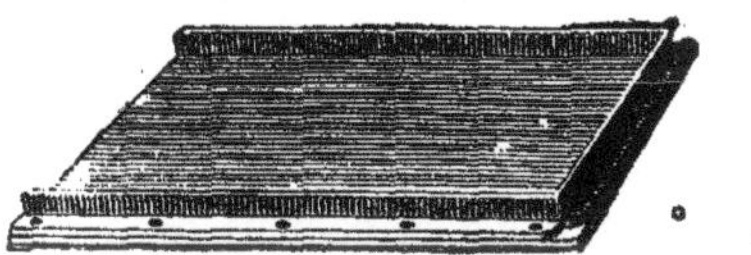

Galée violon.

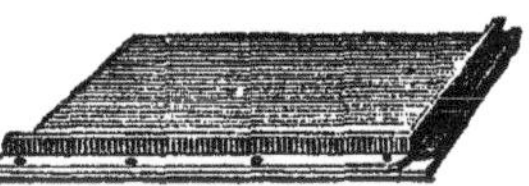

Galée.

matière pour faire une page ou un paquet, il l'entoure d'une ficelle qui la lie fortement; la dépose sur une feuille de papier double qu'on appelle *porte-page*, et le met sous son rang en attendant qu'il ait assez de *paquets* pour en faire des épreuves.

Pour les impressions industrielles, qu'on appelle travaux de ville, la composition diffère en ce qu'elle n'est pas confiée à des ouvriers qui font vite, mais à des spécialistes qui s'attachent surtout à faire bien.

Dans ces sortes de travaux, la composition proprement dite, le lever de la lettre, est peu de chose, on n'emploie généralement que des caractères de fantaisie qu'il faut varier à chaque ligne; c'est la disposition et l'ajustement, on peut même dire aussi l'ajustage des filets qui a toute l'importance; aussi tout se fait-il à la fois, et compose-t-on par pages ou par tableaux.

Les filets qui jouent un si grand rôle dans ces sortes de travaux, et sont extraordinairement variés, sont fondus en lames de 90 centimètres de longueur et se coupent comme les interlignes.

Les vignettes, plus variées encore et qu'on emploie pour former des encadrements, sont fondues par blocs, exactement comme les caractères et s'emploient de même; les lettres ornées entrent dans la catégorie des vignettes.

LES ÉPREUVES

Dans beaucoup d'imprimeries, les épreuves sont faites par un ouvrier spécial qu'on appelle le *pressier*.

Ces épreuves sont tirées sur une presse à bras ordinaire, ou plus commodément, plus rapidement surtout sur de petites presses spéciales que fabriquent maintenant presque tous les constructeurs.

Mais le système de tirage d'épreuves par des pressiers n'est en usage que pour les labeurs; car pour le journal qui demande la plus grande célérité sitôt qu'un fragment de copie est terminé, le compositeur en tire lui-même à la brosse, une épreuve qu'il remet au *metteur en pages*, lequel après l'avoir réunie, dans son ordre, aux autres paquets du même article, le fait passer aux correcteurs en première, qui renvoient les épreuves après avoir indiqué dessus au moyen de signes conventionnels les fautes typographiques et grammaticales à réparer,

LA CORRECTION

Le tableau reproduit ici du protocole des corrections adopté dans toutes les imprimeries, donnera une idée de la diversité des corrections; diversité qui s'explique d'autant mieux que l'ouvrier levant sa lettre avec la plus grande ra-

La première idée de Gutenberg fut de fairre en grand
que faisaient en petit les faiseurs d'images, vulgai-
ment appelés tailleurs de bois; c'est-à-dire de graver
r dès planches de bois et à rebours, les lettres, les
r des planches de bois et à rebours, les lettres, les
ots et les phrases d'un discours suivi; chose qui, comme
l'ai dit plus haut, était pratiquée depuis long-temps en
ine et au Japon. Mais expériences ces furent mal-
ureusement sans succès valable; ce genre d'impression
ployait un temps considérable à exécuter, on n'en
uvait tirer qu'un trav ail imparfait et grossier, pouvant
peine rivaliser avec le genre d'exécution des anciens
res manuscrits. Le seul avantage que l'on pouvait re-
er de ces planches, aventage déjà assez grond, il est
ai, était de pouvoir imprimer un nombre d'exemplaires
défini. Mais les fautes de texte, comment pouvait-on
corriger? De plus, chaque planche ne pouvait servir
e pour une seule page, et, conséquemment, pour un

Supprimez une lettre en rapprochant.
——— en écartant.
Mettez en italique.
Supprimez une lettre.
——— une ligne.
Retournez.
Transposez une lettre.
——— un mot.
Écartez les deux mots.
——— lignes.
Rapprochez les lettres du même mot
——— les deux lignes.
Alignez.
Nettoyez.
Changez.
Intercalez.
Changez des lettres mauvaises.
——— d'un autre œil.
Abaissez des espaces.

pidité, puisque son salaire est proportionné au travail qu'il accomplit, il en résulte, à moins d'une habileté exceptionnelle, des fautes de toute nature, comme lettres substituées, qu'on appelle des *coquilles*, lettres ou mots à retourner, lignes oubliées (*bourdons*), doubles emplois (*doublons*), petites ou grandes capitales oubliées, mots à mettre en italique, mots à séparer ou à rapprocher, lettres d'un autre œil à remplacer, et bien d'autres, ainsi qu'on le verra par le protocole.

Chaque compositeur corrige lui-même les paquets qu'il a composés. Ce travail se fait sur la galée, où chaque paquet est replacé, au moyen d'une petite pince avec laquelle on

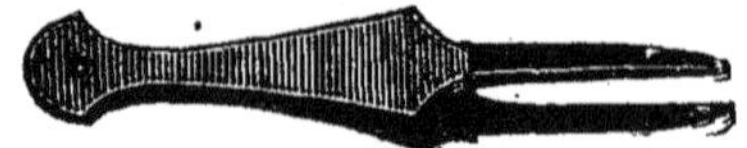

Pince pour la correction.

extrait du bloc les caractères qui doivent être remplacés par d'autres. Ces corrections faites, l'ouvrier donne une nouvelle épreuve qu'on appelle épreuves en seconde et n'a plus à s'occuper de son paquet ; il sera corrigé de nouveau, par des ouvriers spéciaux qui prennent le nom de *corrigeurs* et qui travaillent comme on dit, à la conscience, c'est-à-dire à l'heure ou à la journée.

Comme outils spéciaux le corrigeur a, soit une galée à pieds sur laquelle il dépose d'avance toutes les lettres nou-

Boîte à corrections.

velles qui doivent entrer dans les corrections à faire, soit une espèce de casseau appelé boîte à corrections, qui est infiniment plus commode, surtout lorsqu'il s'agit d'aller corriger à la presse.

La nouvelle épreuve, avant d'être revue par le correcteur en seconde, est envoyée à l'auteur pour qu'il y fasse les remaniements qu'il juge à propos, le correcteur la relit en ensuite et la fait passer aux *corrigeurs*.

Cette deuxième correction terminée, le *metteur* peut s'occuper de sa mise en page.

Déjà, s'il s'agit d'un journal et nous en parlerons d'abord comme du travail, sinon le plus délicat, du moins le plus difficile, puisqu'il doit être exécuté rapidement; déjà il a préparé ses interlignes, coupé ses filets, composé ses titres, et sitôt qu'il a pu rassembler tous ses paquets, il commence à mettre en pages.

LA MISE EN PAGES

Cette opération, souvent laborieuse, est toujours intelligente; l'habitude, la routine du métier y seraient complètement insuffisantes, il y faut presque toujours de l'art; car il n'est pas aussi facile qu'on pourrait croire de donner de l'*œil* à un titre, de l'air à une page et de la grâce à tout l'ensemble; aussi les metteurs en pages sont-ils des ouvriers d'élite.

Le matériel du metteur est très multiple, car comme chef d'équipe il est appelé à toucher à peu près à tout; outillé pour composer aussi bien que pour corriger, il se tient devant une espèce d'établi assez spacieux pour qu'il y puisse mouvoir à l'aise les différents paquets qu'il doit rassembler et qu'on appelle un *marbre*, bien qu'il soit aujourd'hui recouvert d'une plaque de fonte, aussi polie mais plus résistante que ne l'était autrefois le marbre.

Le dessous de ces établis peut être plein, puisque l'ouvrier travaille debout; on l'utilise de différentes façons, soit en bardeaux où se place la réserve des caractères, soit en tiroirs pour les petits outils, coins et garnitures, soit en tablettes fixes, où l'on range provisoirement les paquets qui ne doivent pas servir sur-le-champ, soit en tablettes mobiles qu'on appelle des ais, qui reçoivent les paquets à distribuer, soit en porte-formes.

Il y en a même qui servent à la fois aux divers usages et ce sont naturellement les plus commodes de tous.

A portée de son marbre, le metteur en pages a divers instruments qui servent aussi aux ouvriers de la conscience, et notamment le coupoir aux interlignes, car quoiqu'il y en ait toujours d'avance une certaine quantité, disposées symétriquement dans une casse spéciale, il n'en a jamais assez, soit pour séparer ses articles, soit pour jeter du blanc dans ses colonnes, de façon à ce que toujours elles commençent et finissent par une ligne pleine.

Il y a de nombreuses sortes de coupoirs pour interlignes, depuis la simple cisaille jusqu'au coupoir biseautier avec lequel on coupe non seulement les interlignes, mais les filets de cadre.

Tout coupoir se compose d'une petite presse à levier et d'un plateau récepteur installé comme un composteur et qui se justifie de la même façon. Le nouveau coupoir biseautier de M. Bertier a de plus un coupoir à cadran (pour les filets

Nouveau coupoir biseautier de M. Berthier.

de cadre) dont le levier se relève de lui-même, au moyen d'un ressort, ce qui diminue de beaucoup la fatigue de l'ouvrier, et, sur le côté, une scie assez puissante pour couper les filets de 12, de 18 et même de 24 points, aussi bien en matière qu'en zinc et cuivre.

Il va sans dire, que cette scie peut couper aussi les réglettes en bois, dont on se sert surtout pour garnir les pages encadrées, blanchir les titres et aussi pour justifier les tableaux et ce qu'on appelle les travaux de ville.

Tout ceci sous la main, le metteur dispose ses colonnes; quelquefois, surtout lorsqu'il s'agit de grands journaux quotidiens, en rangeant ses paquets à nu sur le marbre, après les avoir mouillés un peu avec une éponge humide, pour que les milliers de parties qui les composent ne se désagrègent pas; mais le plus souvent sur une galée à coulisse assez grande pour recevoir la page, et munie d'un premier fond en métal, très mince, qu'il suffit de retirer brusquement de sous la composition, liée de cinq ou six tours de ficelle, pour que celle-ci prenne sa place sur le marbre.

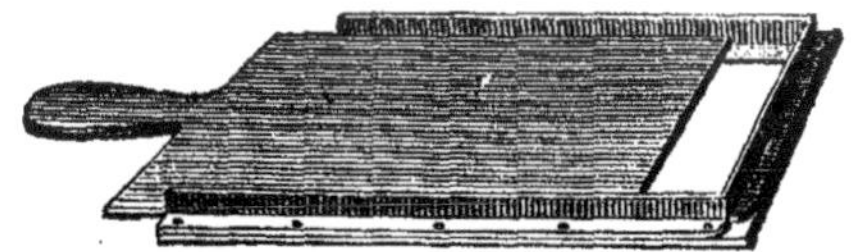

Galée à fond mobile.

Il y a même des galées plus commodes encore, ce sont celles à fond mobile, dont l'emploi s'explique d'ailleurs facilement.

Chaque page liée séparément, on en fait une épreuve qu'on appelle *morasse*, qui passe sous les yeux du rédacteur en chef du journal, lequel indique ses dernières corrections, et la renvoie avec le bon à tirer, ou avec le bon à clicher, si le journal ne doit pas être tiré sur le *mobile*, ce qui est aujourd'hui le cas le plus ordinaire.

S'il s'agit d'un livre, les opérations de la mise en pages sont les mêmes, si ce n'est qu'on les fait plus à loisir et qu'on n'envoie à l'auteur que les épreuves en feuilles.

S'il s'agit de tête de lettres, prospectus, factures, impressions industrielles, tableaux et en général de tout ce qu'on appelle travaux de ville et qui sont quelquefois de véritables travaux d'art, la mise en pages est plus laborieuse, on le comprend du reste d'après les détails que nous avons donnés sur ce genre de travaux.

L'IMPOSITION

La mise en pages terminée, il reste à imposer, c'est-à-dire à placer les pages dans la position où elles doivent être fixées dans les châssis, qu'on appelle *formes* (par la même raison qu'on nomme *format* la grandeur et la subdivision des pages dans une feuille d'impression), de façon à ce que le papier une fois plié, les folios se suivent dans leur ordre naturel.

— 4 —

Les Hollandais, saisis d'un enthousiasme qui n'est fondé sur aucune preuve positive, ont élevé les prétentions les moins justifiées pour revendiquer, en faveur de leur compatriote, la découverte de l'Imprimerie. Ils prétendent que Coster est le véritable inventeur de la gravure, de la fonte des caractères et même de la presse ; ils font engager Gutenberg comme domestique, lui noble, patricien, *de dignité équestre*, pour

— 13 —

La Chine, notre ancêtre en inventions, connut l'impression sur planches gravées dix siècles avant nous ; ce n'était pas autre chose qu'une gravure grossière, aussi éloignée des premiers procédés de l'Imprimerie que ceux-ci le sont à présent des ouvrages qui s'impriment chaque jour ; et Pi-Ching, le forgeron, tenta vainement de former avec une terre fine et glutineuse, et de solidifier par une double cuisson, des caractères mo-

GUTENBERG

ET

L'IMPRIMERIE

TYPOGRAPHIQUE

Hans ou Jean Gensfleich de Sulgeloch, connu sous le nom de Gutenberg, qui lui vient de sa mère Elise de Gutenberg, naquit à Mayence, ville libre de l'Allemagne, en 1400 suivant la version la plus commune. A la suite de quelques troubles surve-

1

— 16 —

C'est à un de ses élèves, Pierre Scheffer, fort habile ouvrier, venant de Paris, où il avait suivi les cours de l'Université et exercé le métier de calligraphe, alors attaché à l'Imprimerie de Gutenberg, qu'était réservée la découverte de la fonte des caractères. « Il avait taillé « des pièces d'acier pur et « les avait gravées; avec « des poinçons il frappait « des matrices d'un métal « plus ma'' able ; il avait « su placer ces atrices

Le papier étant imprimé des deux côtés, il faut naturellement deux formes, l'une appelée côté de première (recto) et l'autre côté de seconde (verso).

Les formats sont assez nombreux ; les plus usités sont :

L'in-folio,	qui fait	4	pages.
L'in-quarto,	—	8	pages.
L'in-octavo,	—	16	pages.
L'in-douze,	—	24	pages.
L'in-seize,	—	32	pages.
L'in-dix-huit,	—	36	pages

Pour l'*in-folio* qui est le format des grands journaux et des couvertures, l'imposition se fait de la façon suivante :

COTÉ DE PREMIÈRE		COTÉ DE SECONDE	
1	4	3	2

L'*in-quarto,* qui est l'in-folio plié en deux, s'impose ainsi :

COTÉ DE PREMIÈRE		COTÉ DE SECONDE	
4	5	6	3
1	8	7	2

L'in-octavo est la feuille de papier plié en quatre.

COTÉ DE PREMIÈRE				COTÉ DE SECONDE			
8	9	12	5	6	11	10	7
1	16	13	4	3	14	15	2

L'in-douze, s'obtient en pliant d'abord en trois la feuille de papier de sa hauteur et ensuite en deux dans sa largeur.

COTÉ DE PREMIÈRE				COTÉ DE SECONDE			
12	13	16	9	10	15	14	11
8	17	20	5	6	19	18	7
1	24	21	4	3	22	23	2

L'in-seize, qui est la feuille de papier pliée en huit, s'impose ainsi :

COTÉ DE PREMIÈRE				COTÉ DE SECONDE			
4	29	28	5	6	27	30	3
13	20	21	12	11	22	19	14
16	17	24	9	10	23	18	15
1	32	25	8	7	26	31	2

L'in-dix-huit, très usité maintenant pour les romans, s'obtient en deux cahiers, l'un de 24 pages, et le second de 12 pages ; en somme c'est une feuille et demie d'in-douze, et c'est pourquoi nous ne donnons l'imposition que du *carton ;* c'est le nom qu'on donne aux portions de feuilles intercalées dans une brochure ou dans un livre.

COTÉ DE PREMIÈRE		COTÉ DE SECONDE	
32	29	30	31
28	33	34	27
25	36	35	26

Les pages imposées et séparées par des garnitures, qui donneront le blanc des marges, on entoure l'ensemble de châssis, qui sont naturellement plus grands ; puisque la feuille doit être fixée dedans, au moyen de coins que l'on force de façon à pouvoir transporter la forme sans qu'aucun des caractères ne bouge, autrement on ferait ce qu'on appelle de la *pâte*, accident désagréable qui oblige quelquefois à recommencer tout ou partie de la composition.

Ces châssis, dont il faut toujours deux pour composer l'ensemble d'une forme, et pour cela ils sont à feuillure de façon à s'emboîter l'un sur l'autre quand on les place sous la presse, sont de deux sortes.

Il y a les châssis proprement dits, plus spécialement affectés aux labeurs, dont les pages moins grandes ont besoin d'être soutenues par une séparation médiane.

Et les ramettes, employées surtout pour les journaux, qui ne diffèrent d'ailleurs des châssis qu'en ce qu'elles n'ont pas de séparation au milieu.

Ramettes de MM. Fouché frères.

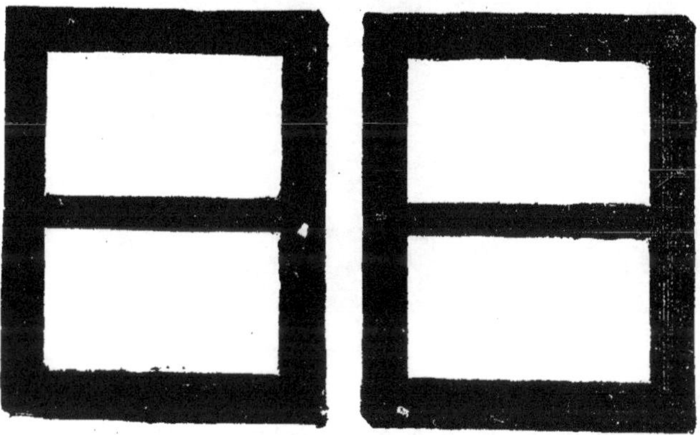

Châssis.

Pour les travaux de ville, que l'on tire presque toujours maintenant sur des machines à pédales ou à platine, ils sont imposés soit dans des châssis spéciaux, si l'on en a plusieurs à tirer à la fois, soit dans des ramettes de petites dimensions quand on ne peut tirer qu'une chose à la fois

SERRAGE DES FORMES

Le système des coins en bois, que l'on chasse au marteau pour consolider les formes, remonte à l'invention de l'imprimerie, et naturellement on y a apporté des perfectionnements chaque constructeur a en quelque sorte son système.

Nous en citerons trois, avec gravures explicatives parce-qu'ils sont les plus usités.

Dans le système Fouché, les formes sont serrées avec le décognoir en acier, au moyen de biseaux à rainures qui peuvent s'adapter soit en dos d'âne, soit symétriquement avec

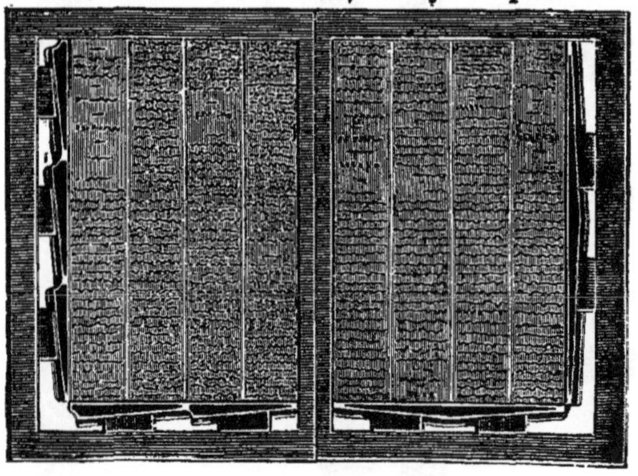

Serrage des formes (système Fouché).

autant de solidité d'une façon que de l'autre; puisque chaque biseau est muni d'un coin en fer qui en fait partie intégrante, c'est ce coin qu'il s'agit de chasser avec le décognoir, jusqu'à ce que la matière ne fasse qu'un tout avec les châssis.

Dans le système Marinoni ce sont aussi des biseaux qui s'appliquent sur les formes, mais ils sont munis extérieurement de crémaillères sur lesquelles des espèces de poulies à engrenage sont tournées au moyen d'une clef.

Le système Berthier consiste en coins mécaniques triangulaires, qui se placent l'un sur l'autre et en sens inverse et s'écartent autant qu'il est besoin, pour le serrage de la forme, par le moyen d'une clef dentée qui s'introduit entre les dents

Serrage des formes (système Marinoni).

ménagées le long de la partie intérieure des coins, de façon à ce qu'ils soient forcément chassés par le mouvement de la clef.

Les formes imposées, ont fait à la presse à bras une troisième épreuve, qu'on appelle précisément la *tierce*, sur laquelle on vérifie si toutes les corrections du bon à tirer ont été exécutées, et l'on répare les fautes qui ont pu se produire pendant la manipulation.

C'est généralement le prote qui se charge de ce travail, excepté dans les imprimeries où il y a un grand nombre de presses fonctionnant toute la journée, quelquefois même la nuit, où il y a un correcteur spécial pour les *tierces* et les *revisions*, nouvelle épreuve que l'on fait sous presse, avant de commencer le tirage.

La forme est desserrée, corrigée, puis resserrée; elle peut descendre soit aux machines, si l'on tire sur le mobile, ce qui a lieu assez généralement pour les labeurs; soit à la clicherie, si l'on tire sur clichés, ce qui se fait pour presque tous les journaux.

Il nous resterait à parler du clichage et du tirage, mais outre que ces deux opérations n'appartiennent pas intrinsèquement à l'art typographique objet de cette étude, elles sont trop importantes pour être traitées en quelques lignes.

Serrages des formes (système Berthier).

Nous en ferons l'objet d'un nouveau petit volume de cette collection où nous nous occuperons avec détails de toutes les presses à imprimer depuis la machine de Gutenberg avec laquelle il fallait trois ans pour imprimer un seul volume, jusqu'aux étonnantes machines rotatives qui en une heure tirent 70,000 exemplaires d'un journal de format moyen.

L. Huard.

TABLE DES MATIÈRES

	Pages.
Les caractères	7
La composition	12
Les épreuves	18
La correction	18
La mise en pages	21
L'imposition	24
Serrage des formes	28

Sceaux. — Imp. Charaire et Cie

www.ingramcontent.com/pod-product-compliance
Ingram Content Group UK Ltd.
Pitfield, Milton Keynes, MK11 3LW, UK
UKHW012305240726
13966UKWH00004B/1659

9 782012 785267